小天角
Tiān Jiǎo Kids

轻科普系列

生物的真相

好笑又真实的生物图鉴

［日］下户猩猩 著

凌文桦 潘郁灵 刘爽 译

湖南少年儿童出版社
HUNAN JUVENILE & CHILDREN'S PUBLISHING HOUSE

图书在版编目（CIP）数据

生物的真相：好笑又真实的生物图鉴 / (日) 下户猩猩著；凌文桦，潘郁灵，刘爽译. — 长沙：湖南少年儿童出版社，2021.12

ISBN 978-7-5562-6189-5

Ⅰ.①生… Ⅱ.①下… ②凌… ③潘… ④刘… Ⅲ.①生物学—普及读物 Ⅳ.①Q-49

中国版本图书馆CIP数据核字(2021)第216301号

生物的真相

好笑又真实的 生物图鉴

SHENGWU DE ZHENXIANG

HAOXIAO YOU ZHENSHI DE SHENGWU TUJIAN

 广州天闻角川动漫有限公司 出品

出版人	刘星保	特约审校	张劲硕　王传齐
著　者	下户猩猩	装帧设计	龚美丽
译　者	凌文桦　潘郁灵　刘爽	制版印刷	深圳市德信美印刷有限公司
出版发行	湖南少年儿童出版社	开　本	890mm×1270mm 1/32
地　址	湖南省长沙市晚报大道89号	印　张	5
经　销	全国各地新华书店	版　次	2021年12月第1版
出品人	刘烜伟	印　次	2021年12月第1次印刷
责任编辑	罗柳娟	书　号	ISBN 978-7-5562-6189-5
特约编辑	易莎　张雁	定　价	48.00元

真相是……

卷首语

　　常见的"动物图鉴"主要是通过插画的形式来展现动物的模样，同时标注其大小、重量等数据，让读者一目了然。但是就拿我们人类来说，仅凭外表、身形和住所，真的能了解某个人的魅力所在吗？同样的道理，仅凭外表和数据也无法知晓动物们真正可爱的一面。本书记录了许多动物的生活方式以及它们性格的有趣之处，而这些内容，相信你在上面所说的"动物图鉴"中不曾看到过。

　　直到今天，关于野生动物还是有许多未解的谜题，我们不可能对所有动物都做彻底的研究，而且每当我们对野生动物有新发现时，新谜题也随之而来。通过研究人员的调查或是观察在动物园生活了数十年的动物，我们可以大致了解它们的生活方式，但是即便如此，我们所了解的也不过是冰山一角。

随着现代摄影摄像技术的发展，我们已经可以实现长时间拍摄，甚至还可以进行深海或卫星拍摄。可即便科技如此发达，地球上的许多动物依旧面临着灭绝的危机。等到它们从这个星球上彻底消失后，即便我们拥有再先进的拍摄技术，也难以看到它们生活的全貌了。人们很少会关注身边的小动物什么时候就消失了，也很难想象那些让我们觉得恶心、害怕的动物和害虫一旦灭绝，会对地球的"健康"产生多大的影响。

　　各位亲爱的读者，我们对动物的生活产生兴趣并且尝试理解的情感，和人与人之间相互理解的情感应该是相通的。书中每一段文字和每一张小小的插图背后，都有打动人心的故事，让我们带着想象力和好奇心，一起去观察身边小动物的大世界吧。我相信，这一定会让你的世界变得更加广大。

你对人类以外
其他生物的真实形态
了解多少呢？

真相是……

难道你不想知道，

生物的真相大公开！！

→ 让我们快点开始吧！

真相是……

目录

第1章
我们的身体很厉害！

1

真相是……

第2章
我们的生活充满意外！

真相是……

第3章
我们的进化超级惊人!

第4章
我们的食谱稀奇古怪！

第5章
我们的基因很复杂！

※ 书中所记载的生物的
体重、体长等数据，均
选取了最大值。

第 1 章

真相是……

我们的身体很厉害！

真相是……

我们大象救援的方法是像救援队那样相互合作！

大象是陆地生物中体形最庞大，同时也是最重的物种。它擅长远距离行走，但是由于体重关系，上下坡的时候会很吃力，特别是刚出生的小象宝宝，若是掉到泥潭里，很可能会爬不上来。每当遇到这种情况，在一边的成年大象就会把鼻子伸出，当作救援绳索帮助小象。

此外，其他大象也会鼎力相助。它们有的脚抵着脚，给在前方救援的大象提供下脚处，有的推小象屁股，像救援队那样通力合作，一起救助小象宝宝。

大象	
栖息地	非洲、亚洲
体重	7吨
更多真相	象群里一般只有母象和小象，雄性大象单独生活。

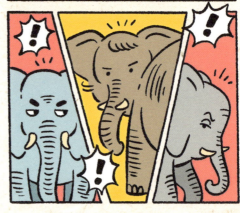

我们**凤蝶**
是用脚来尝味道的！

凤蝶

栖息地	除了南、北极以外的世界各地
前翅长	5厘米
更多真相	蝴蝶的嘴叫"口器"。吃东西时，它们的口器会伸直，像吸管一样吸取食物。

昆虫也是有味觉的哦，那么，没有舌头的昆虫如何品尝味道呢？

蚂蚁和蜜蜂的触角就是味觉器官，而蝴蝶和苍蝇等昆虫用于辨识味道的味觉器官，则在它们前足尖（这里被称为足部下节体）。

蝴蝶的幼虫必须吃特定的植物才能长大，所以蝴蝶会直接产卵在植物叶片上。例如凤蝶的幼虫喜欢吃橘子树的叶子。雌性凤蝶会轻轻地探出前足，通过敲击叶面尝出叶子的味道，确定是橘子树后便在上面产卵。

有的动物小宝宝

就是我们**蓝鲸**的宝宝！

能在一小时内长4千克？

蓝鲸是地球上最大的动物，有的蓝鲸体重甚至高达200吨。

因为这庞大的身躯，蓝鲸每天都要吃下大约4吨的磷虾。

蓝鲸宝宝出生时身体长度为7米左右，体重约为3吨，靠喝母乳长大，食量也非常惊人：一天要喝600升（相当于喝掉600盒1升装的牛奶）！

蓝鲸宝宝每天都会增重大约90千克，平均算下来，一小时能长4千克！

还真是会吃的孩子长得快啊……

转——身

蓝鲸！！

我是地球上最大的动物，

啊呜一口

体重有200吨哦！

我一天要吃4吨磷虾呢！

蓝鲸	
栖息地	世界各地的外海
体重	200 吨
更多真相	鲸母乳中的脂肪成分可高达40%，十分浓稠，即使在水中也不会扩散。

蓝鲸宝宝的个头也超大。

它们一出生就有大约7米的身长和3吨的体重!

好大啊

啪……

哺乳动物当然要喝母乳长大啦……

宝贝,多喝点

咕咚咕咚

一天居然要喝600升母乳!

相当于喝掉600盒1升装的牛奶!

因为吃得多,所以蓝鲸宝宝的体重一天能长90千克,这样算下来它们一小时大约能长4千克……

这孩子是不是看起来比刚才大了一点……

我们金鱼以红为美，所以要努力变红而不是美白！

金鱼是通过人工培育的手段，让色素细胞突变的红鲫鱼交配繁殖后生出来的一类变异的鱼。因为主要靠人工繁殖，所以人们掌握了改变金鱼颜色的"上色"技术——金鱼身体的颜色，都是随着饲料类型而改变的。

通过"上色"，可以让金鱼的颜色变得更加鲜艳。例如给金鱼投喂含有类胡萝卜素的饲料，就会让它们的体色变得更加红艳夺目。金鱼们可不用"美白"哦，它们一直都在为了"美红"而努力。

金鱼

观赏鱼	
体长	20厘米
更多真相	在市集金鱼池里捞的金鱼，其实都是金鱼宝宝，能长到20厘米左右。

我们章鱼的腕足会变多，最多的有96条腕足！

章鱼

栖息地	常见于寒冷海域
体重	50千克
更多真相	看起来像是头部的地方其实是章鱼的身体，章鱼的嘴在腕足根部。

章鱼的腕足纤长且带有吸盘，但是，并非每只章鱼都是8条腕足的哦。

章鱼是一类软体动物，它可以随时果断地舍弃自己的腕足，甚至在感到压力的时候吃掉。一般而言，每次断腕的部位都会长出新的腕足，每舍弃一条腕足，很可能会长出两条新的腕足，看起来似乎相当划算呀。

目前已知的章鱼腕足数量最高记录竟然达到了96条！真不知道我们是该将这只章鱼称为身经百战的勇士呢，还是该同情它有太多敌人了……

真相是……

我是可爱的**骆马**，如果把我惹怒，我会对着你**吐味道持续一个星期的胃液！**

骆马是一种与羊驼长得十分相似、颇有人气的动物，就连秘鲁的国徽上也画着骆马哦。

骆马保护自己不被敌人攻击的手段就是向敌人喷吐胃液。

骆马吐出的胃液中含有胃内尚未完全消化的食物，带着强烈刺鼻的味道，而最可怕的是一旦沾染上，臭味几乎会维持一个星期。

像这样喷吐恶臭胃液是骆驼科动物保护自己的特殊手段，羊驼也会这样。

骆马

栖息地	南美高山地带
身高	1.8 米
更多真相	骆马以群体生活为主，适应高地生活，身上长有厚厚的毛。

真相是……

我是**大王具足虫**，
我像帝王一样**喜欢吃高级食物**！

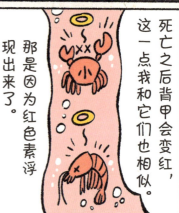

※西瓜虫：甲壳（qiào）类动物，遇到危险时会蜷成球状，看起来就像超迷你小西瓜。

大王具足虫因为身上的甲壳形似披甲武士足部的铠甲而得名，它是大约140年前被发现的一种充满了谜团的深海生物。

大王具足虫看起来就像是巨大的海底西瓜虫。它的背甲跟虾、螃蟹一样，死了之后，红色素就会浮出体表。

虽然大王具足虫长得很像虾，可是煮熟之后会散发出强烈的臭味，所以并不适合食用。

大王具足虫以鲸的尸体为食，也被称为海洋的清道夫。

大王具足虫

栖息地	墨西哥湾周边深海大约1000米的深度范围内
体长	50厘米
更多真相	它们即使几年不进食也不会饿死。

虽然我是**银色乌叶猴**的宝宝，但我的**体毛不是银色，是金色的！**

银色乌叶猴

栖息地	东南亚热带雨林
体长	50厘米
更多真相	灵长类动物具有识别颜色的能力，所以会进化出各种各样的花色。

银色乌叶猴是以植物叶子为主食的猴科猴子，拥有一身漂亮的银灰色体毛。

"猴如其名"，成年银色乌叶猴有一身美丽的银灰色体毛。其实刚出生时，它们浑身长满了金色的体毛，在长到3个月大后，体毛的颜色才会慢慢接近成年银色乌叶猴，变成银灰色。

毛色金黄的银色乌叶猴宝宝坐在母猴的腿上着实显眼，这也让其他成年猴更方便地找到它，而其他的成年银色乌叶猴有时也会帮着照看猴子宝宝。

我是**骆驼**，大家以为我的**驼峰**里是水，其实是**脂肪**！

一说到骆驼，不少人都会不由自主地联想到沙漠吧。在中东地区，骆驼被人们称为"沙漠之舟"，自古就是一种重要的运输工具。事实上，骆驼十分耐渴耐热，一次性喝上100升以上的水后，就可以在气温高达50℃的地区轻松前行。

骆驼之所以有如此卓越的能力，奥秘就在于驼峰。骆驼的驼峰内藏着许多脂肪块，这些脂肪块会根据周边的环境条件转化为水和能量，因此骆驼即使几天不吃不喝，即便气温再炎热，也能轻松地应对。

骆驼	
栖息地	原产于中亚，现引种到亚洲、非洲、澳大利亚
身高	2.3米
更多真相	驼峰能阻隔热源，保护内脏免受太阳直射伤害。

我是骆驼，这样看起来我很悠闲轻松吧。

即便天气再炎热，我也不在乎！

淡定自若

我们蚂蚁能够拉动重量为自身体重680倍的东西！

大家是不是都见过蚂蚁搬动比它们自身大很多的食物的场景呢？

从很早之前人们就知道，蚂蚁力大无比，能够搬动重量高达自己体重5~50倍的东西。后来，有一位研究者经过精密的计算，发现原来蚂蚁竟然能够拉动重量为自身体重680倍的物体。

如果放在人类的身上，以体重30公斤的孩子为例，相当于1个孩子可以拉动680个孩子（约20吨），光是想想就觉得蚂蚁真是太厉害了。

日本黑褐蚁	
栖息地	东亚
体长	6毫米
更多真相	工蚁全是雌性蚂蚁，它们不产卵，在领地里工作。

据说小小的蚂蚁竟然能够拉动比自己重680倍的东西！

嘿哟嘿哟

如果以体重30公斤的孩子为例，等于一个孩子要拉动680个孩子（大约20吨）。

厉害！

我们都输了……

动物力量比拼大赛

全员认输，蚂蚁获胜！

真相是……

我们**鲑鱼**的肉是白色的，但是
可以通过食物使肌肉的颜色变红！

白鲑

栖息地	北太平洋周边
体长	70厘米
更多真相	可以同时适应海水与淡水两种环境。

虽说鲑鱼的肉呈现红色,但是它们可是货真价实的"白肉鱼"哦。

金枪鱼等"红肉鱼"之所以拥有红色的肉,是因为它们的鱼肉中富含血红素和肌肉素;而鲑鱼的身体内几乎不含有这些物质,所以它们应该被归类为耐力较好的"白肉鱼"——也就是说,鱼肉的性质是不一样的。

那么为什么鲑鱼的肉看起来又是红色的呢?那是因为被它们作为主食的磷虾体内含有大量的虾青素。

成年**长颈鹿**
几乎没有天敌！

长颈鹿（网纹长颈鹿）

栖息地	非洲稀树草原
身高	5.3米
更多真相	能凭借身高优势迅速发现敌人。

长颈鹿是世界上最高的哺乳类动物，虽然它们在动物园里看起来十分温驯乖巧，实际上，当它们遭遇狮子或豹等敌人袭击的时候，会用长腿猛烈踢打，有时甚至能把对方一脚踢死。

狮子也明白从正面袭击长颈鹿是一件很危险的事，所以它们几乎不会去捕猎成年长颈鹿。

雄狮有时候会集结起来，趁着夜色偷袭长颈鹿，可即便如此，狮子的胜算也很渺茫。

第1章

我们凤蝶的幼虫喜欢伪装成大便！

在蝴蝶中也有体形较大的种类存在，比如花纹分外醒目的凤蝶。

日本生活着十多种凤蝶，它们的幼虫颜色基本都是黑白的。这种特殊的保护色与鸟类的粪便很相似，很容易骗过它们的天敌，在蛹化前有效地保护幼虫不被鸟类攻击。

在经历4次蜕皮之后，凤蝶的颜色也会开始发生改变，慢慢变成跟它们的食物，比如橘子树的树叶等相近的绿色。

凤蝶

栖息地	除了南、北极外的世界其他地区
前翅长	5厘米
更多真相	小的幼虫会拟态为粪便，大一点的幼虫会拟态为蛇。

我们**蝎子**只有在月夜才会发光！

好啊好啊！

来玩捉迷藏吧！

躲好了！

躲好了吗？

闪闪发光

帝王蝎

栖息地	非洲
体长	20厘米
更多真相	母蝎子为了保护年幼的蝎子，会把它们驮在自己的背上悉心照料。

众所周知，蝎子是一类带有毒针的动物，但是你知道，蝎子会发光吗？

蝎子是一类夜行性节肢动物，但它会在明亮的月光下散发出青绿色的光芒，这是因为月光中的紫外线会让蝎子表皮中的物质发光。

那么，蝎子发光是为了什么呢？

有一种说法认为，蝎子发光有利于找到伙伴或是吸引猎物；还有人认为，这是蝎子需要在黑暗处寻找藏身之所。但是，蝎子发光的真正目的，至今仍未明确。

最害怕吞下自己的牙齿!
我们威猛无比的**大白鲨**

尖锐无比的牙齿让我随意啃咬猎物!

大白鲨

最强!

但是有时候咬得太用力,我会不小心把猎物和我的牙齿一起吞进肚子里,有可能因此丧命……

我的肚子……

大白鲨是世界上最强也是最可怕的海洋生物之一。

大白鲨的牙齿呈锯齿状,这尖锐的牙齿为大白鲨带来了强大的咬合力。在撕咬猎物时,它的牙齿会狠狠地扎入猎物体内,但也正因如此,拔出来时,牙齿可能会出现脱落的情况。

据说,如果牙齿和食物一起被吞入腹中,尖锐的牙齿会划破大白鲨的胃肠,有时候甚至会导致它死亡。

大白鲨	
栖息地	亚热带至亚寒带海域
体重	1吨
更多真相	大白鲨性格小心谨慎,遇到猎物,第一次是轻咬,第二次就是凶狠袭击了。

真相是……

我们**信天翁**如果**没有风就飞不起来了**……可我们明明是鸟啊！

信天翁

栖息地	北太平洋周边
展翼长	2.4米
更多真相	性格十分挑剔。但它们一旦认定伴侣，便会终生相依。

人们总是憧憬着自己能够像鸟儿一样飞上蓝天。但是你知道吗，并不是所有的鸟类都能自由自在地翱翔于天际哦。

信天翁有一个很"不幸"的特征，就是它的翅膀实在太长了，如果没有足够强劲的大风，根本无法起飞。而且，这种鸟儿逃跑的时候速度也很慢。

正因为有这样致命的弱点，信天翁很容易成为别人的猎物。它们的羽毛会被人类用来制作羽绒被。肆意的捕杀也让信天翁走向了濒临灭绝的边缘。

天然的驱虫喷雾！

我们黑狐猴总是随身携带

黑狐猴

栖息地	非洲马达加斯加岛
体长	40厘米
更多真相	狐猴是猴子中十分罕见的嗅觉发达的类群。

黑狐猴生活在热带雨林，对于驱赶蚊虫，它们可是有秘密武器的，那就是马陆（也叫千足虫）。马陆是一种与蜈蚣长得十分相像的节肢动物，它会分泌含有毒性的体液，一旦身体受到挤压就会散发出极其强烈的恶臭。

大胆的黑狐猴会将马陆揉碎，加入自己的唾液后涂抹在生殖器周围以及尾巴等处。据说这是黑狐猴利用马陆的毒性与恶臭，防止寄生虫和蚊虫叮咬。这大概就是我们常说的"以毒攻毒"吧。

我是丹顶鹤，我是个秃头！

丹顶鹤实在是太帅气了！

头顶上的红色真是太好看了！

这是因为我的头顶没有羽毛，血液的颜色透过皮肤显现出来了……

是，是这样的啊！

丹顶鹤的名字中，"丹"指的是红色，"顶"则是指头顶，如其名所示，红色的头顶便是丹顶鹤最大的特征。那么，是不是因为丹顶鹤的头上长了红色的羽毛呢？并不是这样哦。

丹顶鹤头顶的那一抹红色，其实是它薄薄的皮肤下流动的血液的颜色。

丹顶鹤并非生来就秃顶，它们出生后一年左右，头顶的羽毛就开始脱落。等到两岁的时候，头顶的羽毛全部脱落，就变得光秃秃的啦。

丹顶鹤	
栖息地	东亚的湿地草原
身高	1.6米
更多真相	鸡冠也是这样，因为该部位没有羽毛，所以能看到皮肤下的血液颜色。

真相是……

第1章

我们鲨鱼也是有弱点的，如果被人摸了鼻子，就会变得很老实！

加勒比真鲨

栖息地	北美洲、美洲中部和南美洲的热带水域
体长	3米
更多真相	仔细观察鲨鱼全身，会发现其体表覆盖着许多细齿状鳞片。

鲨鱼是一类生活在海洋中的凶猛动物，但其实它有一个让人意外的弱点，那就是它的鼻子。在鲨鱼口与鼻附近的毛孔中，分布着一些可以感受猎物运动时发出的微弱电流的"电感受器"。

据说，如果轻轻地抚摸鲨鱼的鼻子，它会像打了麻醉针一样，瞬间变得十分温顺乖巧。但是在海中遭遇鲨鱼的时候，我们可没那么容易摸到它的鼻子，很可能在安抚住鲨鱼之前，就已经被它咬伤了。

想知道我们**鲸**的年龄？

研究下我们的耳垢吧！

长须鲸

栖息地	除极地以外的世界各个海域
体长	25米
更多真相	鲸的耳垢不仅可以帮我们了解它的年龄，还可以帮我们了解它所属的种类。

大多数的哺乳类动物即使不进行清理，耳垢也会自然地排出体外，但鲸是例外。鲸的耳孔基本上处于封闭状态，所以耳垢无法自然排出，会一直积存到它死亡为止。

鲸的耳孔中堆积的耳垢分为不同的颜色：夏天分泌的是油脂含量更多一点的白色，冬天则是油脂含量较少的黑色。随着时间的推移，鲸的耳垢就结成了黑白两色交替的大硬块。

就像树木的年轮一样，鲸的耳垢层数也可以告诉我们它的年龄哦。

我们源氏萤从虫卵的时候就开始发光！

源氏萤

栖息地	日本特有种（除北海道、冲绳以外）
体长	1.5厘米
更多真相	萤火虫发光是一种不散发热量的特殊化学反应，它的发光原理和机制如今已经被人们运用到多个工业领域。

说到会发光的生物，萤火虫应该很容易被提及吧。

据说日本的萤火虫种类约有50种，但是会发光的只有源氏萤、平家萤等部分种类。这些萤火虫从还在妈妈的肚子里时就开始发光了，这种光芒会一直伴随着它们经历幼虫、蛹、成虫阶段。

不过刚诞下的虫卵与成虫相比，发出的光芒是十分微弱的。随着它们一天天成长，光芒也会越来越璀璨。

我们泥鳅可以用屁屁来呼吸！

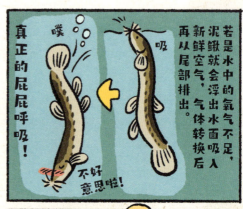

若是水中的氧气不足，泥鳅就会浮出水面吸入新鲜空气，气体转换后再从尾部排出。

真正的屁屁呼吸！

噗

吸

不好意思啦！

放到人类身上，大概是……

嘿，昨天……

抱歉，我听不清楚……

噗 噗 噗 噗 噗噗 噗 噗 噗

泥鳅

栖息地	东南亚（人工养殖供食用）
体长	15厘米
更多真相	"屁屁呼吸"是泥鳅为了能在氧气较少的水里或是泥中活动而进化出来的呼吸法。

泥鳅是一类鱼，平时是通过鳃来呼吸的。但有时它们会浮出水面，用嘴吸进新鲜空气，然后从臀部排放出二氧化碳，看起来就像在放屁。

据说，这种如同放屁似的呼吸方法，是泥鳅在水中氧气不足时进行的辅助呼吸。但是也有另一种说法——泥鳅将空气吸入肠内，是为了对肠道进行大扫除。

此外，泥鳅还能用皮肤进行呼吸，即使它们暂时离开水源，也不会立即死亡。

我们**鲨鱼**虽然是鱼类，可是也有**不产卵直接胎生的！**

我可不是那些普普通通的鱼儿哦。

我虽然是鱼类，但我的宝宝可不是卵生的，而是胎生哦！

我直接在体内孵化大约300颗鱼卵。

鲨鱼宝宝发育成形后，会直接以幼鲨的形态从我体内出生。

哇哦

鲸鲨

栖息地	世界各地温带附近海域
体长	18米
更多真相	有些种类的鲨鱼刚出生就自相残杀，把同胞兄弟当作食物吃掉。

　　鱼类繁衍后代，一般是由雌性鱼的卵和雄性鱼的精子结合形成受精卵。可是有些种类的鲨鱼，鲨鱼妈妈会直接生出鲨鱼宝宝。

　　鲸鲨是体形最大的鲨鱼，鲨鱼妈妈会在体内孵化300颗左右的受精卵，等到受精卵发育成熟，小鲨鱼便以幼鲨的形态，直接从鲨鱼妈妈的肚子里钻出来啦。

　　据说地球上有500多种鲨鱼，其中约有六成的鲨鱼都是卵胎生，直接生出鲨鱼宝宝的。

蟋蟀的绘画日记

其实，我的耳朵长在脚上！

我是蟋蟀，我最引以为傲的是我那超级酷的鸣叫声。另外，我还有十分灵敏的听觉——要知道，拥有听觉器官的无脊椎动物，只有我们直翅目的小伙伴哦。

与一般的昆虫不同，我们的听觉器官并不长在头上！虽然被你们盯着看我会不好意思，不过只要你们仔细观察就会发现，我们的前足胫节接近基部处有一处鼓膜。是的，那就是我们的耳朵。

这是个意外！

第 2 章

我们的生活充满意外！

我们**海豚**是通过肛门来测量体温的！

为了对水族馆的海豚进行健康管理，

这工作真不容易啊。

呀——

嗖

工作人员每天都要给它们测量体温。

哇——

呀——

人类一般是把体温计夹在腋下测量体温。

偷笑

海豚竟然是……

夹住

海豚

栖息地	温带附近的海域
体长	3米
更多真相	因为海豚是哺乳类动物，所以也会感冒。需要吃感冒药来治疗。

为了对水族馆里面饲养的海豚进行健康管理，饲养员会定期给它们测量体温。人在测量体温的时候，一般是把体温计夹在腋下。那么，海豚的体温怎么测量呢？

给海豚测量体温时，要把细绳形状的体温计插入它的肛门大约30厘米。把体温计插入肛门，听起来好像有点痛，但是，因为海豚和饲养员之间已经建立起了信任关系，所以它们会乖乖地等待测温结束。

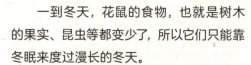

真相是……

我们花鼠常常会忘记冬眠前收藏食物的地方……

一到冬天，花鼠的食物，也就是树木的果实、昆虫等都变少了，所以它们只能靠冬眠来度过漫长的冬天。

在冬眠之前，花鼠会采集橡子等树木的果实埋在土里，避免被其他动物发现，这样它们就可以在没有食物的时候，靠这些存粮活下去。

但是，因为藏食物的地方太多，花鼠有时会忘记把食物藏在哪里。那些被它们忘掉的橡子慢慢发芽，长成大树之后，又能结出橡子，继续为花鼠提供食物。

花鼠

栖息地	北半球寒冷地区的森林
体长	15厘米
更多真相	有些花鼠会偷其他同伴藏好的橡子。

45

河狸建造的堤坝能够拦截河水，它们也因此闻名。那么，河狸究竟能建造多大规模的堤坝呢？

人们曾经发现，河狸建造的堤坝长度竟然达到了850米，真是太厉害了！

一棵直径15厘米的大树，河狸仅需10分钟就能啃断。

但是，有些河狸啃树时太专心，丝毫不会注意树木倾倒的方向，导致它们被自己啃断的树木压死……

我们**河狸**因为太喜欢改造居所，有时候**甚至会丢掉性命！**

河狸

栖息地	北美、欧洲
体长	1米
更多真相	河狸的牙齿能啃断大树！因为它的牙齿中含有铁元素，所以是橙色的。

第2章

造出了拦截河水的堤坝！

家

嘿嘿

收集木材也是我的工作！

咔嚓咔嚓咔嚓

只要10分钟，我就能咬断直径约15厘米的树。

但是，因为啃得太专心，一不留神，可能会被自己啃断的树压死……

哗啦

还差一点儿！

危险！

47

真相是……

我们**金雕**即使发现了猎物，在**追捕的过程中也可能会跟丢**！

金雕的翅膀展开后，长度可超过2米。它们拥有又尖又长的爪子和锋利的喙，是名副其实的空中猛禽。

金雕最令人惊讶的，是它们的视力。从眼部细胞的数量来推测，金雕的视力大概是人类视力的8倍，能够发现1000米以外的猎物。

然而，金雕捕猎的成功率并不高。它们经常在追捕的过程中跟丢猎物。有时候甚至一个星期都捉不到猎物。

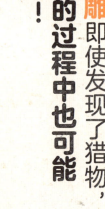

金雕

栖息地	北半球的高山地区
展翼长	2.2米
更多真相	金雕狩猎时，主要不是靠锋利的喙，而是用爪子的握力将猎物捏死。

空中猛禽——金雕！用锋利的爪子和喙捕杀猎物的猎手！

金雕的视力非常好！

※金雕很少抓老鼠，它们一般捕食体形更大的猎物，比如鹿、狐狸、野兔等。

真相是……

我们貉的
粪便有助于相互交流!

貉会和家人或邻居使用同一个『公共厕所』。

有助于貉之间相互交流。

谢谢!

要便便吗?你先请。

这些『粪堆』

它们用粪便的气味来划分地盘,互相传递食物的信息。

我知道了!这边应该有的吃!

嗅嗅

这是谁的呢?

食物的位置

留言板

我先回去了 小八

失物招领 ○○—××

『粪堆』就是貉的留言板!

50

貉

栖息地	东亚
体重	5千克
更多真相	因为动物园很难解决粪堆的臭味问题，所以很少饲养貉。

貉 (hé) 是一种杂食动物，小鸟、昆虫、植物果实等都是它们的食物。

貉通常以家庭或者附近的群体为单位，共用一个厕所用于排便。这个公共厕所叫作"粪堆"，据说可以帮助貉之间相互交流。

也就是说，貉用粪便的气味来划分地盘，传递食物的信息。

"粪堆"是貉最重要的留言板，个别群体几代共用一处，有的"粪堆"使用时间甚至长达10年以上。

我们**格陵兰睡鲨**的眼睛里都有巨大的寄生虫！

格陵兰睡鲨属深海鲨鱼，在寒冷水域中生活，体长约7米。

这种鲨鱼的眼睛非常大，里面寄生着一种桡足类寄生虫——要知道，格陵兰睡鲨的眼睛被这种寄生虫寄生的概率高达99%！基本上所有的格陵兰睡鲨都被这种从眼睛上垂下来的白色寄生虫夺去了视力。

尽管有这样一个不利影响，格陵兰睡鲨当中的部分个体，寿命甚至比人类还要长。

我们格陵兰睡鲨居住在寒冷水域。

格陵兰睡鲨

栖息地	北大西洋海域
体长	7米
更多真相	它们居住在深海中，游速虽然缓慢，却是顶尖的捕食高手。

我最大的魅力就是——眼睛非常大！

但是……黏着什么东西？

第2章

实际上，我们的眼睛里面有一种『桡足类』寄生虫。

对不起。

而且概率高达

99%!!

基本上，我们格陵兰睡鲨都被这种寄生虫夺去了视力……

对不起了！

我看不见了……

无奈

但是，我们的平均寿命在80岁以上！

真是没办法……

对不起。

有的比人类的寿命还长！

我们**蜜蜂**都是雌性在工作，
雄性什么都不干！

蜜蜂

栖息地	除南极之外，世界各地都有蜜蜂，并且部分种类已经家畜化（养蜂）。
体重	0.1克
更多真相	女王蜂的名字中虽然有"女王"两个字，但是它不会向工蜂发布命令。

蜜蜂是无脊椎动物中进化程度最高的类群之一，是一类高度社会化的昆虫，和人类社会一样有专业的分工：有负责建造巢穴的"木工"——它们的巢穴构造非常科学，人类在建造飞机时就应用了其中的原理。此外，还有负责打扫蜂巢的"清洁工"，有照顾幼虫的"保姆"，有通过扇风来调节蜂巢温度的"管理员"，有拼命把远处的花蜜和花粉采回来的"搬运工"，还有看守大门的"军队"……

实际上，这些工蜂都是雌蜂，雄蜂却在蜂巢中游手好闲。

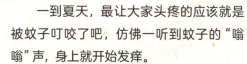

比起吸食人类的血液，我们**蚊子**更喜欢花田！

一到夏天，最让大家头疼的应该就是被蚊子叮咬了吧，仿佛一听到蚊子的"嗡嗡"声，身上就开始发痒。

可能有人认为，蚊子的主食是血液。其实，不论是雄蚊子还是雌蚊子，它们的主食都是花蜜和草的汁液。但是，处于产卵期的雌蚊子为了卵巢的发育，需要补充蛋白质，所以它们才会去吸人或者动物的血液。

另外，在全世界大约2500种蚊子中，不吸血的种类占1/4。

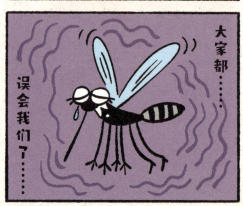

蚊子	
栖息地	全世界，约2500种
体长	15毫米
更多真相	蚊子是通过哺乳类动物呼出的二氧化碳来寻找猎物的。

而是花蜜和草的汁液！

花蜜太好吃了！

确实，产卵期的雌性蚊子需要蛋白质，所以会吸血……

血真美味！

但其实它们最喜欢的食物不是血……

嗡嗡嗡

其实我们是喜欢花花草草的生物，所以，希望大家不要太讨厌我们！

我们**狗狗**不想打架的时候，就**靠打哈欠来蒙混过关！**

今天就要让你看看我的厉害！

生气

糟糕！

哈欠连天

先假装打瞌睡吧……

?

安全了……

嗷……真没劲。

狗	
家畜、宠物	
体重	90千克（最大犬种）
更多真相	狗是大约两万年前，由狼驯化而来的、最早的家畜。

打哈欠是在大脑缺氧时，强行吸入氧气的一种行为，一般在疲倦或感觉到困意的时候就会打哈欠。然而，对于等级严明的社会性动物来说，它们必须学会巧妙地应对那些让自己头疼的对手。为了表示自己对那些焦躁的对手没有任何敌意，它们就假装打哈欠，表现出一副很困的样子，可以说这是一个安抚信号。

实际上，人类能通过这种行为解读狗狗的想法，所以可以在对狗狗进行训练时应用。

我们海獭的宝宝经常在海上被拐走……

海獭

栖息地	北太平洋沿岸
体长	1.2米
更多真相	海獭晚上在海面上睡觉时，为了防止被冲走，会把海带缠绕在身上。

海獭会用石头敲碎贝壳，动作非常可爱。海獭育儿完全依靠海獭妈妈——在海獭家庭中，只有妈妈负责育儿工作。

海獭妈妈为了自己的孩子，会努力去外面寻找食物。这时，其他海獭就会趁机把海獭宝宝拐走，然后它们会要求海獭妈妈用自己找到的猎物来交换。

实际上，海獭宝宝被拐走的现象在海獭的世界中十分常见。

第2章

我们鲤鱼有时候真的可以跃龙门！

听说，鲤鱼跃过水流湍急的瀑布，会变成可以上天的龙！

真的吗？

要不我去试试『逆电梯』而上？

※千万不要这样做

危险！

鲤鱼

栖息地	原产于中亚的观赏鱼
体长	3米
更多真相	世界上最大的鲤鱼品种体长可达3米。

大家知道"跃龙门"这个词吗？

"龙门"来源于中国的一个传说，据说"鲤鱼跃过水流湍急的瀑布后，就会变成可以上天的龙"。

日本在过儿童节时，房屋外面悬挂的"鲤鱼旗"，也代表了爸爸妈妈希望孩子出人头地的愿望，这种习俗就起源于"鲤鱼跃龙门"的说法。

实际上，鲤鱼根本没有能力跃过水流湍急的瀑布。但是，它们可以在一些堤堰或者小瀑布逆流而上。

我们**海豚**一辈子都不睡觉！

※单半球睡眠：大脑的其中一个半球处于睡眠状态，另一个半球保持清醒。

小海豚，你都在什么时候睡觉啊？

其实……

我从来没见过你睡觉……

右脑睡觉的时候，我会闭上左眼；左脑睡觉的时候，我会闭上右眼……

也就是说，你们永远睁着一只眼睛？

休息　循环　休息

海豚

栖息地	温暖的海洋、河流
体重	600千克
更多真相	海豚虽然是哺乳类动物，但是它们的"单半球睡眠"※其实是鱼类睡觉的方法。

海豚是哺乳类动物，所以它们不用鳃呼吸，而是用肺呼吸。因此，它们每隔一段时间就要浮上水面，把鼻子露出来。但是，它们睡觉的时候怎么办呢？

海豚睡觉的时候，会让左右脑交替睡眠：闭上右眼，就可以让左脑休息，闭上左眼，就可以让右脑休息。

海豚一天之内要进行300~400次单半球睡眠。为了让身体和大脑得到休息，它们要保证自己的睡眠量。

我们**日本猴**也很赶时髦！

（漫画对话，从右至左）

现在的女孩子都喜欢咸味的红薯。

有淡淡的大海的味道，实在是太棒了！

据说还上了热搜榜……

日本猴

栖息地	日本的特有种
体长	50厘米
更多真相	虽然有"猴子学人样——装相"的说法，但其实，猴子并不是看一眼就能模仿人类动作的。

日本各地的日本猴群体都有各自的流行趋势，有的"潮流"甚至能够持续好几代——有的猴群流行把红薯浸到海水中沾点咸味再吃，有的猴群流行打磨或者敲打小石块。每个地域的日本猴都有自己的"潮流"，比如爱泡温泉的日本猴，也只有在地狱谷温泉才能见到。它们偶然发现的一些有意思的事情，会很快在猴群中传播开来。实际上，一般带头的都是年轻猴，追赶潮流的都是雌性猴子，而那些猴大叔就不会跟风了。

我们**虾夷扇贝**虽然是贝类，但**超喜欢游泳**！

哟！是我喜欢的虾夷扇贝！

诶？竟然会游泳！

嘿嘿。

虾夷扇贝

栖息地	东亚温度较低的浅海
壳长	20厘米
更多真相	当闭壳肌剧烈收缩，借助排水和海流力量，能短距离移动。

虾夷扇贝的贝柱无论是生吃还是烤制都十分有弹性，非常美味。和其他贝类相比，虾夷扇贝的贝柱更大，其实这是它们用来游泳的肌肉。拥有发达肌肉的虾夷扇贝，在双壳贝类中，算是游泳健将。

被海星等天敌袭击时，虾夷扇贝会从合页两边喷射出水流，两片贝壳一开一合，迅速逃走。那样子就像电子游戏中的主角——吃豆人一样，真是有趣极了。

真相是……

虽然是生活在动物园的动物，但我们也是要冬眠的！

因为冬天找不到吃的，所以就先多吃点，然后冬眠。呼呼……

晚安

就算住动物园，我也要做一头合格的熊。

我也要冬眠。呼呼……

晚安

棕熊

栖息地	北半球寒冷地区的森林
体重	350千克
更多真相	熊在冬眠的半年中不吃不喝，不拉便便，也不尿尿。

一到冬天，在野外生活的熊很难保证自己有充足的食物，所以要靠冬眠来维持生命。为了冬眠，它们从秋天就开始大量进食，为身体储备足够的脂肪。

以前人们认为，动物园里的动物即便在冬天也有很多食物，所以没有必要冬眠。现在，科学家们也在做研究，尝试在动物园里面营造出符合熊原本生活习性的环境，让它们在冬眠室进行冬眠。恢复动物的自然行为，不过度地人为干预，也是人们遵循自然生命规律所做的努力。

鸡的绘画日记

其实，我们是在高大的树上睡觉的！

自我介绍

鸟类	鸡
住处	人类房屋周围
身高	50厘米
简单说明	鸡是由一种叫作红原鸡的野鸡驯化而来，非常好斗，拥有一对用于攻击的锋利的爪子。

我们早上总是起得很早，所以，晚上一定要好好睡觉。如果有什么让我们不放心的事情，我们就会睡不着。

我们最讨厌在睡梦中遭到袭击，所以通常会选择在高处睡觉。

在野外的时候，一到傍晚，我们就会转移到高大的树上。

我们可是能够一鼓作气飞到树上的——如果树不是特别高的话。

在睡觉前，我们也会因为抢睡觉的地盘而跟自己的小伙伴打架。

因为我们起得太早，所以人们都不知道我们在树上睡觉，真是太遗憾了。

晃动　　晃动

你知道本猪猪帅气的
祖先是谁吗？

第 **3** 章

我们的进化超级惊人！

真相是……

像蜗牛身上那样的壳哦！

我们**蛞蝓**也曾拥有

蛞蝓	
栖息地	全世界 约有1000种
体长	20厘米
更多 真相	蛞蝓爬过的地方会 留下黏液。

70

第3章

蛞蝓（kuò yú），俗称鼻涕虫。虽然它和蜗牛很像，却一直被人们认为是很恶心的虫子。其实，蛞蝓和蜗牛是生活在陆地上的贝类伙伴，它们拥有共同的祖先，只是在进化过程中，一直背着外壳的变成了蜗牛，而在远古时代扔掉外壳的变成了蛞蝓。

蛞蝓的壳并没有完全消失。虽然从外表看不到，但其实蛞蝓的皮肤下有一个小小的内壳。当它受到惊吓时，便会努力把身体缩向内壳，只是无论它怎么努力也缩不进去。

我们 乌贼 和 章鱼 是
扔掉壳后才开始吐墨汁的！

第3章

乌贼和章鱼的祖先曾经拥有类似于菊石或鹦鹉螺的外壳，后来在进化的过程中，逐渐扔掉了厚重的外壳，以便于在海洋中自由地遨游。

然而，没有外壳就无法保护自己免受敌人的伤害，因此乌贼和章鱼逐渐学会用墨汁来保护自己。

但是，乌贼和章鱼使用墨汁的方法并不同。章鱼的技能是通过吐墨汁隐藏自己行动的"隐身术"；乌贼则是让对方误以为吐出来的墨汁就是它的本体的"分身术"。

乌贼

栖息地	全球的浅海、深海，约450种
全长	20米
更多真相	由于乌贼的祖先没有留下化石，所以其进化过程依旧谜团重重。

真相是……

我们大熊猫感冒后，喝个中药就好了！

大熊猫是世界上最珍贵的动物之一。虽然是肉食动物，大熊猫却以竹子为主食，且饮食习惯常年保持不变。

第一只被送到日本野生动物园的大熊猫在抵达日本的首日，还发生过一个很有意思的小插曲：

大熊猫还没正式跟游客见面就患上了感冒，但当时大家都不知道应该如何治疗，于是就大胆猜测"既然是中国的动物，说不定可以用中药治疗"。幸运的是，大熊猫在喝了中药后，竟戏剧性地痊愈了。

大熊猫	
栖息地	中国四川省周边高山地带，以及陕西省、甘肃省
前掌宽	10厘米
更多真相	熊猫的食物主要是竹子，成年大熊猫每天几乎有一半的时间在进食。

74

你用的纸是我用自己的便便做的。

啊！

嘛，卫生纸本来就是用植物纤维做的。

因为我是食肉目动物，所以竹叶不被消化，会被直接排泄出去。

沙沙

狼吞虎咽

所以我试着用便便制作了卫生纸。

话说回来，竟然有一股竹叶的清香……

虽然只有一点点

吸气～呼气～闻闻

真相是……

我们**贵宾犬**可不追求时尚，之所以做这样的造型，是为了方便捕猎！

说起贵宾犬，它的手腕和脚腕处的毛都像毛球一样，而腰部周围的毛通常被修剪得光溜溜的，显得非常可爱。其实，这种毛发修剪方式并不是为了好看或时尚，而是为了方便狩猎。

贵宾犬曾经的工作是帮助猎人收集落入水里的猎物。为了防止它们在水里受凉，猎人们专门给它们留下了心脏、内脏以及关节部位用以保暖的毛发。而剪掉腰部、大腿和肘部的毛发，则是为了让它们下水游泳更方便。

贵宾犬	
	家畜、宠物
肩高	1米
更多真相	贵宾犬的祖先擅长游泳，早期它们是帮助人们猎捕水禽的水猎犬。

第3章

很久以前，贵宾犬的工作是帮助猎人捕捉河里的猎物，

去把我打中的猎物抓过来！

扑通！

贵宾犬的造型其实不是为了赶时髦。

所以为了方便它们在冰凉的河水里游泳，才把毛发剪成那样的。

方便游泳

保护心脏等部位的毛

要不我们试试。

......

它们怎么了？

好可怕。

风一吹有点凉飕飕的

糟糕！我们不太会游泳啊......

我们**家猪**的祖先是野猪，而且**以前尾巴不卷哦！**

猪

	家畜
体重	350千克
更多真相	柴犬的尾巴肌肉也是因为退化、变小，才变成一直朝上卷的样子。

猪的尾巴能反映它的心情和身体状况。健康的猪，尾巴一般会向上卷成圈；放松或者身体不适时，猪的尾巴就会耷拉下垂。

据说，我们现在看到的猪是距今约8000年前，由人类驯化野猪而来的家畜种类。

猪的祖先——野猪的尾巴总是保持着笔直状态。然而，在被人类驯化为家畜后，猪控制尾巴活动的肌肉逐渐退化、变小，最终变成了如今的卷曲状。

我们**狗狗**会摇尾巴是因为有超厉害的装备！

在狗狗尾巴的根部、肛门的两侧，有一对梨形状的腺体，那就是肛门腺。狗狗会通过这个器官来释放气味，从而与同伴进行交流。

肛门腺常出现在狼、狐狸等犬科动物身上。它的一大作用就是帮助犬科动物互相辨识。

当狗狗相遇时，我们总会看到它们互相闻对方的屁屁，其实这是狗狗在通过肛门腺中的信息素，识别对方的身份。

狗	
家畜、宠物	
尾巴长度	狗尾巴吉尼斯最长纪录是76.8厘米
更多真相	狗的鼻子常年湿漉漉的，更容易吸入气味分子。

我们鳖给甲壳「减负」后，腿脚变得特别利索！

鳖

栖息地	非洲、亚欧大陆、北美等地。也有人工养殖用于食用的类型
体重	100千克
更多真相	被性情粗暴的鳖咬到手指时把它放进水里，它就会立刻松口离开。

众所周知，乌龟走得非常慢，鳖虽然看起来跟乌龟长得很像，速度却比乌龟快得多。

鳖速度快的奥秘就在于它的甲壳。乌龟的壳连接着脊柱和肋骨，呈板状，又硬又重；鳖的壳则又软又轻，用手一敲，还会像橡胶一样会发出噗叽噗叽的声音。

为了能快速游泳，鳖不断进化自己的壳，让它变得更为轻盈，速度自然也得到了提升。

真相是……

我们**大象**只是耳垂大而已，**耳孔可是很小的！**

相信大家都在动物园见过大象啪嗒啪嗒地扇动大耳朵的情景吧，其实，大象的耳朵里有很多毛细血管，大象扇动耳朵有散热的效果。

原本大象祖先的身体并没有这么大，但是在进化的过程中，大象的体形变得越来越大，耳垂也随之变大了。

大家可能会觉得耳垂大的动物，耳孔也会很大，其实大象的耳孔充其量也只能塞进人类的一个拳头而已。

大象	
栖息地	非洲、亚洲
体长	7米
更多真相	非洲象能用脚感知同伴发出的重低音。

我们熊猫的『第六根手指』在手腕上！

大熊猫

栖息地	中国四川省周边高山地带，以及陕西省、甘肃省
前掌宽	10厘米
更多真相	熊猫的食物主要是竹子，成年大熊猫每天几乎有一半的时间在进食。

大家见过熊猫的手指吗？熊猫的5根手指是呈直线排列的，所以无法像人类一样用大拇指配合其他手指来抓取东西。因此，熊猫的手腕骨不断进化，最终形成了像手指一样的结构。

用这根突起的骨头和原本的5根手指，熊猫就能够抓取东西，悠闲地抓着竹子啃食了。

熊猫的"第六根手指"虽然并不是真正的手指，但是有着和手指一样的功能。

蚜虫的绘画日记

其实，我是为了保护自己才把小便变甜的！

自我介绍

昆虫	蚜虫
住处	油菜茎里等
身高	3 毫米
简单说明	蚜虫会排泄出甜甜的甘露，但是蚂蚁喝了后则会分泌出一种用来攻击天敌的苦涩物质——蚁酸。

啊，你现在是不是正一脸嫌弃地看着我们蚜虫? 哼! 我们应该会被你们人类当作害虫对待吧，不过我们蚜虫不一定会感到伤心哟。

其实，我们的小便可是非常甜的哦，会吸引很多蚂蚁过来。所以，我们还是很受欢迎的对吧!

为什么我们的小便很甜？那是因为我们要宴请喜爱甜食的蚂蚁们啊。作为回报，蚂蚁会帮我们赶走天敌。不仅如此，蚂蚁们还会为我们造出遮风挡雨的墙，我们可是好朋友呢！

接下来"便便"有点多，
别嫌弃哟！

第 **4** 章

真相是……

我们的食谱稀奇古怪！

我们**食草动物**都会悄悄**吃点便便**，这样会长得更快！

虽然我们是食草动物，但我们的肌肉比食肉动物还要多！

结实

大口地吃

大口地吃

因为我们不用捕猎也能轻松找到吃的（都是植物）。

结实

肌肉

肌肉

氨基酸

但是，如果孩子们想要长得更强壮，

你还得吃点这个……

小心啊！

呜呜~

什么？！

事实上，消化植物要比消化肉类更困难一些，所以食草动物的消化系统普遍比食肉动物发达。

植物的细胞中有一个很难分解的坚硬外壳——细胞壁，必须在肠胃中培育特定微生物才能成功捣碎它。但是还在喝奶的动物宝宝体内是没有这些微生物的，所以要让它们适当吃一些妈妈的便便，因为它们的便便里面带有这些微生物。也不用吃太多，因为这些微生物进入体内后就会慢慢繁殖啦。

虽然我们叫食蟹猴，但其实不怎么吃螃蟹！

地球上生活着近600种灵长类动物，它们大多是食草动物而且水性很差。但是，有一种猴子居然可以从水里捕捉食物，这就是生活在东南亚的食蟹猴。

但是，如今在河边已经基本看不到食蟹猴的身影了。这些小家伙从前大都住在山里，不过最近也开始慢慢转移到繁华的城市生活，所以它们基本上没什么机会吃螃蟹。生活在城市里的食蟹猴们，也许偶尔还能吃上几顿游客们吃剩的好菜——油炸螃蟹。

食蟹猴

栖息地	东南亚
体长	50厘米
更多真相	就好比食蟹猴这样，有许多动物的名字中都带着"食蟹"二字，不过原因就各有千秋啦。

你们吃螃蟹吗？

啊，是食蟹猴！

哇，猴子大战螃蟹！

啊！它在吃螃蟹啊！

第4章

全球变暖有一部分原因是
我们**牛**打嗝，对不起！

全球变暖是
人类共同面
对的问题。

气温升高，
北极等地
冰川开始
融化……

海平面
上升，
陆地被
淹没……

据说是因为人类
排放了大多类似
二氧化碳这样会
造成温室效应的
气体，而且……

第4章

日本近年来经常出现酷暑、强台风等异常气候,这就是全球气候变暖导致的结果。二氧化碳等会加剧温室效应的气体排放则是气候变暖的元凶。

其实,山羊、绵羊和牛等动物在消化食物的过程中产生的甲烷气体,也会导致气候变暖。甲烷造成的温室效应是等量二氧化碳影响的28倍。

地球表面覆盖着的会造成温室效应的气体中,有3.8%是在牛等家畜打嗝时产生的。

牛	
家畜	
体重	650千克
更多真相	牛会找一个安全的地方,将胃里的草重新送回到口腔中慢慢咀嚼。

还有牛的嗝!(含有甲烷气体)

对不起啦!

嗝!

我们**树袋熊**宝宝
超喜欢妈妈的便便！

树袋熊

栖息地	澳大利亚东部森林
体长	70厘米
更多真相	树袋熊不喝水，只靠桉树叶子中的水分就可以生活。

树袋熊一天当中有2~6小时在吃桉树叶子，剩下的18~22小时都在呼呼大睡。

分解！

在睡觉的过程中，肝脏可以帮助它们分解桉树叶子中的毒素。

第4章

在过上这种悠闲的生活之前……

我肚子饿了。

马上就好！

咯嚓咯嚓

树袋熊妈妈会让宝宝吃自己排出的便便，因为里面含有可以解除桉树叶毒性的微生物，可以作为宝宝的断奶食品。

是妈妈的便便！

哇——

吃吧！

咚！

再来一碗！

宝宝吃得真香。

树袋熊一天当中有2~6小时在吃桉树叶子，剩下的18~22小时都在睡觉。这是因为桉树叶子有很强的毒性，它们要在体内分解这些毒素，就要保证充足的睡眠。

树袋熊宝宝体内还没有用来解毒的微生物，所以妈妈会让宝宝吃自己排出的含有微生物的便便，作为断奶期的食物。

另外，树袋熊的体重之所以那么重，是因为用来解毒的肝脏很大哦。

我们**树懒**
连便便都懒得拉！

树懒在拉便便……

会拉便便的时候 会从树上下来

蛾子会在便便上产卵……

孵化的蛾子长成成虫，又回到树懒身上，死后滋养藻类，让树懒身上长出苔藓。

树懒会吃身上的苔藓。

啊呜啊呜啊呜 啊呜啊呜呜

重复前面的过程。

然后树懒又来拉便便，

三趾树懒

栖息地	南非热带丛林
体重	4千克
更多真相	树懒平常看起来十分温顺，但在繁殖期时，雄性会大声叫喊。

树懒可以根据外界温度的变化改变自己的体温，是一种变温动物，这在哺乳类动物中非常罕见。因为它们不怎么活动，所以消耗的能量比较少。然而，让人意外的是，树懒会在晚上活动，并且十分擅长游泳。

树懒很容易便秘，一周只会拉一次便便。拉便便的时候它们会"快速"地从树上下来解决。积攒了一周的便便味道十分刺鼻，气味会传播到四周。这时候，一生都在树懒身上生活的蛾子就会来产卵。

真相是……

有的**动物**
不刷牙也不会长蛀牙!

附着在牙齿上的细菌以糖分为食，然后在牙齿上形成菌斑，从而产生酸性物质侵蚀牙齿，这就是蛀牙产生的原理。

野生动物进食后会分泌大量的唾液，可以分解口腔里面的糖分并冲刷口腔，所以它们即便不刷牙也很少长蛀牙。

但是如果动物和人一样每天频繁进食，那么它们就没有足够的时间让唾液清洁口腔，所以动物园里的动物偶尔也会长蛀牙。

我们**眼镜王蛇**是最挑食的一种蛇！

你们眼镜王蛇最喜欢吃什么？

嗯，我想想。

我很挑食，只吃蛇……

嘿嘿

啊？

眼镜王蛇

栖息地	印度、东南亚周边的森林
体长	超过4米
更多真相	因为毒蛇不需要绞杀猎物，所以体形比较小，眼镜王蛇是体形最大的毒蛇。

眼镜王蛇咬大象一口，就能把它杀死。

大多数毒蛇体形比较小，但眼镜王蛇和它们不同，全长超过4米。名字中之所以带有"王"字，是因为它们以其他蛇为食，"王"的意思就是"蛇中之王"。

眼镜王蛇的主食是蛇，即便给它们投喂青蛙或者老鼠，它们也不吃。

虽然人们常说"挑食长不大"，但是这句话好像并不适用于眼镜王蛇。

真相是……

我们**鱼**偶尔**会吃石头**！

在世界各地的河口地区生活着的鲻（zī）鱼拥有一种叫作砂囊的消化器官，类似于由肌肉组成的胃。因为鱼没有用来咀嚼的牙和舌头，所以为了把螺等食物的外壳磨碎，它们会提前吞下一些石子，然后这些石子会代替牙齿，在砂囊中进行"咀嚼"。

在挑选石子时以及使用完石子后，它们会把那些没有棱角的石子吐出来，看上去就好像是误吞了石子一样。

我们尼罗鳄一辈子大概只有一次机会吃到斑马或角马……

尼罗鳄好凶猛呀！

它们好像经常吃斑马和角马！

好残酷！

田螺

尼罗鳄

栖息地	非洲的河流
体长	6米
更多真相	鳄鱼是变温动物，代谢较低，可以几个月不吃东西。

尼罗鳄是一种非常凶猛的动物，它们的咬合力最高可以达到2吨，可以说是世界上咬合力最强的动物之一。

尼罗鳄喜欢吃角马等食草动物，当这些猎物在草原上活动的时候，它们会在河流中进行伏击。

但是，恰好有猎物从眼前经过的机会非常少。实际上，尼罗鳄猎杀斑马或者角马的机会，一辈子大概也就只有一次。在那之前，它们只能吃田螺和小鱼，等待着机会的到来。

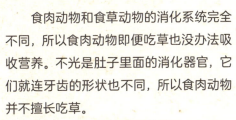

我们食草动物在生宝宝时，有时会「吃肉」！

食肉动物和食草动物的消化系统完全不同，所以食肉动物即便吃草也没办法吸收营养。不光是肚子里面的消化器官，它们就连牙齿的形状也不同，所以食肉动物并不擅长吃草。

然而，野生的鹿和有些猴子虽然属于食草动物，但它们会在生完宝宝之后，马上吃掉自己的胎盘。因为它们生宝宝时会散发出血腥味，容易让食肉动物发现自己的藏身之处，于是妈妈会勉强自己吃掉胎盘，让这种味道消失。母爱真是太伟大了。

金龟子的绘画日记

其实，在我还是幼虫的时候，我超喜欢吃便便！

自我介绍

昆虫	双叉犀金龟
住处	东亚的某个森林
身高	5厘米
简单说明	食草动物的便便里面含有很多未消化的植物纤维。

我虽然深受孩子还有昆虫爱好者的喜爱，但其实我有一个不好意思说出口的小秘密，那就是——我喜欢吃便便!

好吧，我要大胆地说出来：我真的非常喜欢动物的便便，尤其喜欢营养丰富的堆肥（牛的粪便和稻草混合在一起发酵成的肥料）!

和人一样，我需要大口大口吃饭才能长大。但是，我们昆虫在长成成虫，也就是变成大人之后，就再也没办法长高了。所以在我们还是幼虫的时候，如果不吃些有营养的食物，就没办法长成高大的金龟子。

所以，即使你在臭臭的堆肥里面发现我们，也不要把我们当成怪物哦。

我们种类超多的！

第5章

我们的基因很复杂！

我们**鳗鱼**也有小秘密，
想看到我们产卵可不容易！

日本鳗鲡

栖息地	东亚等地
体长	1米
更多真相	八目鳗虽然也叫鳗，却是一种与鳗鱼没什么关系的活化石。

鳗鲡（lí），俗称鳗鱼。从前它们身上的谜团在于：它们究竟是什么时候，又是在哪里产卵的呢？直到2009年，日本研究者才终于在太平洋上的马里亚纳群岛附近海域发现了鳗鱼的天然受精卵。这个发现当时在世界范围内引起了不小的轰动。

之后，研究者们又分别在2011年与2012年，在同一片海域中成功采集到了鳗鱼卵，并最终明确了鳗鱼产卵地的水深，同时还了解到它们总会在新月出现前的2~4天，每个夜晚都会在同一片海域中产卵。

我们**大杜鹃**的雏鸟可是犯罪高手！

大杜鹃的啼叫声十分悦耳动听，可是它自己从来不筑巢，一到产蛋季节，大杜鹃的雌鸟就会瞅准蓝鹊或大苇莺等鸟类不在的时候，将自己的蛋产在它们的鸟巢中。产蛋的时候，大杜鹃会先选出一颗对方的蛋扔掉，然后塞进一颗自己的蛋。

大杜鹃的雏鸟会比同巢的"兄弟姐妹"早出生1~3天，破壳而出后，它们会用肩背部将巢内其他的鸟蛋全部推出鸟巢，如此一来，它们就可以独享"养父母"准备的食物。三周后，大杜鹃幼鸟就能独立生活啦。

啼声悦耳的大杜鹃

大杜鹃

但它们居然想把自己的孩子给其他的鸟类抚养，真是过分！

拜托啦！

砰

巢里原有的蛋

其他鸟的巢

大杜鹃	
栖息地	欧亚大陆、非洲
体长	32厘米
更多真相	将卵产在其它鸟类巢穴中的行为，叫作巢寄生。

我们这些「鲷」，大多数只是想借「真鲷」的威风，取个带「鲷」字的名字……

真鲷（diāo）在日本享有"鱼王"的美誉，因此，大约有350种鱼类的名字里都带上了"鲷"字，想蹭蹭"鱼王"的名气。

从生物学角度上来说，真正被归为"鲷"类，也就是"鲈形目鲷科"的鱼，只有真鲷、犁齿鲷、黑鲷等13种。在人类餐桌上大受欢迎的常客，例如红金眼鲷、甘鲷、赤鱼鲷等，事实上都不属于"鲈形目鲷科"，而是其他种类。

事实上，大部分名字中带"鲷"字的鱼，都不过是想蹭蹭真鲷的名气罢了……

真鲷	
栖息地	东亚沿海
体长	1.2米
更多真相	在日本属于高级鱼种，但并非稀有物种，所以对其他国家而言，不过就是一般的鱼种而已。

我们**裂唇鱼**
既能变成雄鱼，又能变成雌鱼！

全球的海洋中生活着约300种可以变换性别的鱼类。比如黑鲷，在出生时全部都是雄鱼，长到2岁左右时才开始出现两性型（雌雄同体），并在3岁左右开始进行性别分化。

裂唇鱼出生时都是雌鱼，如果小群体中没有雄性，那么体格最大的那条鱼就会转变成雄性。不过，科学家们也发现了一些裂唇鱼从雄性转换成雌性的例子，因此出现了裂唇鱼是可以"双性转换"的说法。

裂唇鱼

栖息地	太平洋和印度洋的温暖海域
体长	12厘米
更多真相	会从其他鱼身上啄食寄生虫、甲壳类，所以有"鱼医生"的称号。

飞鱼会在水下以70公里的超高时速飞快冲刺，它们用尾鳍拍打水面，然后冲到空中，接着以胸鳍为翅，在空中飞行100~200米，最远甚至可以飞行400米，真是了不起的小家伙。

飞鱼为了躲避体格比自己大的敌人，慢慢进化成了拥有翅膀一般硕大胸鳍的"会飞的鱼"。然而遗憾的是，它们往往会在飞行中成为鸟类的美餐。

所以无论飞与不飞，飞鱼总是避不开自己的天敌，真是可怜的小家伙啊。

我们**飞鱼**像鸟一样飞着游，结果却被鸟吃了……

飞鱼	
栖息地	全球的温暖海域中大约生活着50种飞鱼
体长	30厘米
更多真相	便于降低体重，飞鱼的内脏都很小，进食后会立即排便以维持轻盈的体态。

我可不是一般的鱼，我是飞鱼！

我能跃出水面，在空中滑翔！

咻

呀嘿！

在水下以每小时70公里的速度冲刺，然后飞出水面。

啾

有时候我能飞出400米远呢！

再大的鱼也抓不到我。

嘿嘿

虽然我会飞，但在水里时，我看不到水面上的敌人。

完全没发现水面上有危险……

呀嘿！

真相是……

我们蟾蜍虽然不会叫，但是也有桃花运！

每年进入梅雨季节后，响亮的蛙声便此起彼伏。其实，这是公蛙在向母蛙求爱。不过，在这些蛙中还隐藏着一个奸诈的家伙——蟾蜍。它从不叫唤，却会在母蛙被其他公蛙的叫声吸引过来的时候，横刀夺爱！

雄性动物的这种行为，在鲑鱼等鱼类的身上也时有发生，听起来真是忍不住要说，它们真是太狡猾了！

不过，其貌不扬的雄性动物为了找到另一半，也真是很努力呢。

蟾蜍	
栖息地	南美、北美、非洲、欧亚大陆周边生活着约590种蟾蜍
体长	20厘米
更多真相	蟾蜍俗称癞蛤蟆，它的耳后腺会分泌白色的浆液——"蟾酥"，是一种重要的中药材。

很多人觉得鬣(liè)狗是一类狡猾、凶暴的肉食类动物。确实，鬣狗不仅是优秀的猎手，还拥有超强的咀嚼能力。

生活在非洲大陆上的斑鬣狗是一种群居动物，群体中的领袖都是雌性。这些雌性斑鬣狗身上都长着与雄性的小鸡鸡十分相似的器官，让它们雌雄难辨，甚至有人提出过斑鬣狗其实是雌雄共同体的理论。

那么，雌性斑鬣狗为什么会长出这样的器官呢？事实上，这个问题至今都没有准确的答案。

虽然我是**雌性鬣狗**，但我说不定**也有小鸡鸡**……

斑鬣狗

栖息地	非洲的热带稀树草原
体重	80千克
更多真相	雌性斑鬣狗不仅长了假阴茎，甚至还有脂肪堆积后形成的假阴囊。

伺机抢夺别人猎物的鬣狗，听起来真狡猾……

嘻嘻嘻

该出手时就出手！

它们是优秀的猎手。

跟上！

斑鬣狗群体是由比雄性更加凶猛的雌性斑鬣狗来领导的！

为什么雌性斑鬣狗会长出类似雄性小鸡鸡的器官呢？

这个答案，其实没人知道……

嘿嘿嘿

我们**河马**都是**在水中喂奶**的……
委屈孩子们了!

河马的皮肤不能长久地暴露在阳光下※,所以基本上一辈子都躲在水中生活……

※河马的皮肤没有毛发,如果长时间暴露在阳光下,皮肤会被晒伤,还容易感染细菌。

交配也是……

生产也是……

河马

栖息地	非洲的湿地
体重	1.5吨
更多真相	近年有研究表明，河马与鲸拥有共同的祖先。

河马总喜欢探出半个头部，然后把硕大的身体隐藏在水中，随着波浪摇摇晃晃，煞是有趣。因为皮肤的特殊性，河马的一辈子几乎都是躲在水中度过的。

河马的身体结构很适合在水中生活，它们无论是交配还是生产，都是在水中完成的，就连给孩子喂奶，基本也都是在水下进行的。

但是，哺乳动物是无法在水中呼吸的，所以河马宝宝们在吃奶前需要先憋气，然后钻进水里吸奶。

我们**雌性红毛蟹**身材娇小，是**为了更好地产卵**！

伊氏毛甲蟹身体呈红色，并且长有很多绒毛，俗称红毛蟹。雄性红毛蟹只需4年时间就可以长到7~10厘米，而雌性红毛蟹即便活了5年，也只能长到6厘米。

为什么不同性别的红毛蟹，蜕皮的时间间隔不同呢？螃蟹每蜕一次皮，身体就会变大一些。雌性红毛蟹是以产卵为主要"蟹"生目标的，其次才是长大。所以相比雄性红毛蟹大约1年1次的蜕皮频率，雌性红毛蟹的蜕皮频率约为2~3年1次，生长自然也就缓慢许多啦。

伊氏毛甲蟹	
栖息地	北太平洋沿岸较深海域
蟹甲长	10厘米
更多真相	蜕皮后蟹壳十分柔软，它的天敌会瞅准这个时机，一哄而上。

雌性红毛蟹比雄性红毛蟹看起来更娇小。

嚓嚓

雄性

雌性

这是因为，雄性红毛蟹和雌性红毛蟹的蜕皮间隔时长不同！

脱

丢

雄性红毛蟹大概一年蜕皮一次。

雌性红毛蟹忙着产卵，一般2~3年才蜕皮一次，所以就不会长得那么大啦！

真的是辛苦啦！

我们**章鱼**可以通过吸盘来辨别雌雄！

辨别章鱼的雌雄，只要看它们的吸盘就行了。

咦，是这样吗？

哇哦！

雌性！

吸盘规则的是

雄性！

吸盘不规则的是

真蛸（xiāo）

栖息地	东亚沿岸的温暖海域
体长	60厘米
更多真相	鹦鹉螺的触须可达90根，被称作海洋中的活化石。

　　据说，在可食用的章鱼中，雌性章鱼身躯更柔软，所以更好吃一些。那么，你知道怎么分辨章鱼的雌雄吗？

　　事实上，只要看看章鱼身上的吸盘便一目了然：吸盘大、排列不规则的是雄性章鱼；吸盘差不多大、排成整整齐齐的两列的，就是雌性章鱼啦。此外，雄性章鱼的8条腕足中，有1条是前端无吸盘的，这是它的交配器，到了交配的时候，这个部分会插入雌性章鱼的输卵管中，所以这条触角是没有吸盘的。

我们香鱼虽然是食草动物，但是生起气来很可怕！

> 啊！这儿的水藻看起来很美味呀！

> 你要是想吃这里的水藻，那就先跟我打一架……

摩拳擦掌

香鱼

栖息地	东亚周边的河川
体长	25厘米
更多真相	香鱼在日本又被称作鲇鱼，生长较快，但是生命周期短。

　　野生的香鱼深受食客和垂钓爱好者的喜爱。香鱼以附着在河底石头上的水藻为主要食物，而且会为了争夺水藻丰富的石头大打出手。胜利者会时刻提防其他香鱼靠近自己的地盘，一旦发现有鱼靠近，便会竖起背鳍恐吓对方，径直撞上去。

　　垂钓者发现了香鱼的这一习性后，便发明了"诱钓香鱼法"：将活香鱼系在钓钩上，慢慢送到目标猎物的地盘上，待其撞上来时一把拉出。

我们龙鱼都是把孩子放在嘴里养育的！

龙鱼兄弟，听说你的孩子出生了，它们在哪儿呢？

叽叽喳喳

这里！

您好！

居然在嘴巴里?!

美丽硬仆骨舌鱼

栖息地	东南亚的湖泊和沼泽地区
体长	1米
更多真相	体形硕大，拥有卓越的跳跃能力，会用力高高跃出水面捕捉昆虫。

龙鱼的体表覆盖着一层通红的鱼皮，上面长着大如硬币的鱼鳞，而且它的育儿方式非常特别。

在龙鱼家族中担负着育儿使命的是雄性龙鱼。雌性龙鱼产下鱼卵后，雄性龙鱼会将鱼卵放进嘴里加以保护并孵化。当然小鱼苗也是在雄性龙鱼口中一点一点被养大的。这种繁殖方式被称为"口孵繁殖"。

不过，让人工饲养的龙鱼进行繁殖活动非常困难，有时雄性龙鱼还会因为压力太大，吃掉小鱼苗。

我们袋鼠的宝宝是循着妈妈留下的口水『路标』爬进妈妈口袋里的！

刚出生的袋鼠宝宝尚未发育完全，非常脆弱。

妈妈！

妈妈！

因此它们是凭着灵敏的嗅觉，循着妈妈留下的口水味道爬进育儿袋的！

这里呀！

是妈妈的口水！

赤大袋鼠

栖息地	澳大利亚干燥地区
身高	1.5米
更多真相	赤大袋鼠出生时小得可怜，体重可能只有1克。

众所周知，袋鼠肚子前的袋子是用来抚育袋鼠宝宝的，它的学名叫作"育儿袋"，袋鼠妈妈的乳房也长在育儿袋里面。

刚出生的袋鼠宝宝看不见也听不见，完全处于发育不成熟的状态。在这种令人担心的状态下，袋鼠宝宝要找到妈妈的育儿袋非常困难。因此，袋鼠妈妈在生下袋鼠宝宝后，会立刻弯下身子用舌头舔腹部，留下自己的唾液为宝宝"开路"，这样做是为了保证袋鼠宝宝能凭借灵敏的嗅觉，成功爬进妈妈的口袋里。

真相是……

我们**斑马**的皮肤颜色，原本**既不是白色也不是黑色！**

斑马，你的皮肤颜色到底是白色还是黑色啊？

其实是灰色啦！

斑马身上长着独特的条纹，而它们的这一身黑白条纹，有研究发现，利于防蚊蝇叮咬。

斑马的条纹还是它们用来区分同伴的手段。斑马身上的条纹和人类的指纹一样，没有任何两匹斑马的条纹完全相同。

斑马有很强的社会性，属于群居动物，它们会一同觅食，而且在觅食时会由群体成员轮流警戒。

斑马

栖息地	非洲的热带草原等
肩高	1.5米
更多真相	斑马十分冷漠高傲，所以我们是无法像骑马一样骑斑马的。

第5章

我们**蝉**虽然经常被用来形容生命的短暂，但在**昆虫里可是长寿的物种！**

油蝉

栖息地	东亚地区
体长	6厘米
更多真相	不同的蝉生命周期不同。在破土而出蜕化成虫之前，它们绝大部分时间都是在土里度过的。

　　自古以来，大家都认为蝉（也就是知了）只有短短一周的寿命，因此常用蝉来形容生命的短暂。然而，如果算上幼虫在土里的时间，有些蝉的寿命长达17年。因此蝉也可以算是昆虫里的长寿一族了。就算是成虫的蝉，也能够存活3~4周，根本算不上短命的昆虫。

　　其实人们对蝉短命的印象是因为饲养蝉太困难了。不仅饲养以树汁为食的成虫蝉困难重重，找到用显微镜才能看到的蝉卵和初龄幼虫蝉宝宝也极其困难。

真相是……

我们罗非鱼的小便量决定了我们的受欢迎程度！

莫桑比克口孵非鲫

栖息地	原产于非洲和中东地区的观赏鱼
体长	60厘米
更多真相	罗非鱼会把地盘划分成几何图形后与同伴分享。

在人类的世界里可能很难想象，但在自然界里，小便的气味是"吸引异性的杀手锏"，这种事很常见。

在日本，作为观赏鱼深受大家喜爱的罗非鱼也会为了寻找交配对象，利用小便来吸引雌性罗非鱼。雄性罗非鱼的尿液中含有费洛蒙，这种物质会刺激雌性罗非鱼的生殖器官，从而加快雌性罗非鱼产卵荷尔蒙的分泌。

膀胱比较大的雄性罗非鱼能够排出的尿液更多，也就更受异性欢迎。

我们豚鼠，男生和女生的大便形状不一样！

扑通扑通……（心跳声）

拉出这坨大便的犯人就是……

就是你！你这只雄性豚鼠！

因为你们的大便特点就是形状酷似香蕉。

暴露了！

豚鼠（天竺鼠、荷兰猪）

栖息地	原产于南美，宠物
体长	20厘米
更多真相	大便的形状是由肠子复杂的运动模式决定的，毛鼻袋熊的大便是方形。

　　豚鼠的大便颜色呈茶褐色，形状为1厘米左右的椭圆形，细细长长的。但是如果仔细观察就会发现，不同豚鼠的大便形状也有细微差别：一种是两个角圆圆的稻草包形状，一种是两个角尖尖的香蕉形状。这是因为豚鼠的性别不同，大便的形状也不同。雌性豚鼠的大便呈稻草包状，而雄性豚鼠的大便则是呈香蕉状。

　　豚鼠会直接从自己的肛门吃自己的"盲肠便"——豚鼠的一种含有维生素B的特殊粪便。

牛的绘画日记

其实,我们牛是色盲,并不喜欢跟斗牛士角斗!

自我介绍

哺乳类	斗牛
住处	西班牙南部
身高	170 厘米
简单说明	其实现在的家畜牛的原种是一种名为原牛的野生动物,性情粗暴,于17世纪灭绝。石器时代的壁画上也有相关绘图。

我们斗牛是斗牛场上的战士,总是让大家提心吊胆的,实在很抱歉。

其实我并不是因为看到斗牛士拿着的红布感到兴奋不已,而是因为我天生是色盲啊!我并不知道红色和其他什么颜色有什么区别。

牛嘛,就是对不熟悉

的东西或者移动的东西会
不自觉地产生反应。所以
说，和布的颜色没关系，
我是被那呼呼呼地不停移
动的布给骗了，才会胡蹦
乱跳地发脾气。

　　其实我本身也并不喜
欢决斗的感觉，但是被斗
牛士那样来回挥红布示意，
不自觉就产生了反应啊！

作为大象，我在进化的过程中，身体不断变大，并且成功拿下『世界第一大耳垂』的称号。但其实我的耳孔非常小。

我们貉会和家人、邻居共用厕所，其实是靠大便的气味来圈定地盘，互相交流哪里有好吃的。

牛打的嗝是胃在分解食物时产生的甲烷气体，同时它也是导致全球变暖的原因之一。但是我们的胃也是在努力消化食物才打嗝的嘛。

其实各有深意！

我们大熊猫有第六根『手指』哦，正因为有了它（手腕部突出的骨头），我们才可以拿起东西！

河马宝宝们会憋气潜到水里喝奶哦。虽然我们是哺乳类动物，但我们更适合在水里生活，这也是没有办法的事情。

真相是⋯⋯

关于生物的真相，
依旧谜团重重！

　　你喜欢我们这些"生物"吗？

　　为什么生物会有不同的模样和各种各样的生活习惯呢？如果这本书能够让你开始思考这些问题，那我们真的会非常开心！

　　现在人类对我们了解得还太少，况且在人类探究我们的秘密时，我们还在不断进化！不过今后人类应该会有更多新的发现吧！

　　所以我们真的希望你以后也会继续对我们的"不同"保持兴趣。

　　在比较我们之间的"不同"时，希望你能充分发挥自己的想象力，思考为什么会有这些不同。但我们想告诉你的是，"有差异"并不是一件可怕的事情，相反是非常有趣的一件事情哦。

　　真的希望你能够带着期待，满心欢喜地用心去感受这份乐趣。

　　我们相信这份想象力也一定会成为你未来的一笔财富，对你的人生也有很大的帮助！

差异即个性，不同即魅力。
生物正因为多种多样才多姿多彩，
更加有趣。
当然，人类也是啦！